EXTRAIT

DE LA

NOTICE HISTORIQUE

CONCERNANT

LE VIGNOBLE DE LA ROLIÈRE,

AUTREMENT DIT

CLOS DE LA ROLIÈRE,

SITUÉ

Sur les Côtes du Rhône, territoire de la commune de Livron (Drôme),

PAR

ARMAND-PIERRE-ALFRED BLANC-MONTBRUN,

Ancien Élève de l'École Polytechnique, ancien Capitaine d'Artillerie, Chevalier de la Légion d'honneur, Membre du Conseil général de l'Isère, etc.,

PROPRIÉTAIRE DU CHATEAU HISTORIQUE ET DU VIGNOBLE DE LA ROLIÈRE.

Le succès naît de la persévérance.

(BOISTE. — *Dictionnaire universel de la langue française*).

La Notice complète est sous presse. De même que le présent Extrait, elle a pour auteur M. Alfred BLANC-MONTBRUN.

VIENNE

IMPRIMERIE ET LITHOGRAPHIE DE JOSEPH TIMON

Rue des Capucins, 7

EXTRAIT

DE LA

NOTICE HISTORIQUE

CONCERNANT

LE VIGNOBLE DE LA ROLIÈRE,

AUTREMENT DIT

CLOS DE LA ROLIÈRE,

SITUÉ

Sur les Côtes du Rhône, territoire de la commune de Livron (Drôme),

PAR

ARMAND-PIERRE-ALFRED BLANC-MONTBRUN,

Ancien Élève de l'École Polytechnique, ancien Capitaine d'Artillerie, Chevalier de la Légion d'honneur, Membre du Conseil général de l'Isère, etc.,

PROPRIÉTAIRE DU CHATEAU HISTORIQUE ET DU VIGNOBLE DE LA ROLIÈRE.

Le succès naît de la persévérance.

(BOISTE. — *Dictionnaire universel de la langue française*).

VIENNE

IMPRIMERIE ET LITHOGRAPHIE DE JOSEPH TIMON

Rue des Capucins, 7

La Notice complète est sous presse.

1861

9295

EXTRAIT

DE LA

NOTICE HISTORIQUE

CONCERNANT

LE VIGNOBLE DE LA ROLIÈRE,

AUTREMENT DIT

CLOS DE LA ROLIÈRE,

SITUÉ SUR LES CÔTES DU RHÔNE, TERRITOIRE DE LA COMMUNE DE LIVRON (DRÔME),

Par Armand-Pierre-Alfred BLANC-MONTBRUN,

Ancien Élève de l'École Polytechnique, ancien Capitaine d'Artillerie, Chevalier de la Légion d'honneur, Membre du Conseil général de l'Isère, etc., propriétaire du Château historique et du vignoble de La Rolière.

Le succès naît de la persévérance.

(BOISTE. — *Dictionnaire universel de la langue française*).

EXPOSÉ PRÉLIMINAIRE.

Planté en 1824 par M. Blanc-Montbrun, père de l'auteur de cette Notice, le vignoble de La Rolière commença à produire vers 1830 (1). Cette année-là, M. Blanc-Montbrun, voulant savoir ce que deviendrait, par l'effet du temps, le vin blanc de ce vignoble (vin fait exclusivement avec du raisin blanc), en remplit deux demi-pièces, de la contenance d'un hectolitre chacune, et, après les soutirages indispensables, abandonna ce vin à lui-même, pour pouvoir juger plus tard de sa qualité. C'est ce vin blanc

(1) Le vignoble fut planté par boutures au moyen du pal en fer. Les ceps sont en quinconce, à 1 mètre de distance les uns des autres.

sec de 1830 qui a été exposé dans les concours, et qui a figuré, notamment, à l'Exposition universelle de 1855.

Ces deux hectolitres de vin blanc ayant été mis de côté à titre d'expérience, le reste de la récolte de 1830 et les récoltes subséquentes, pendant un certain nombre d'années, furent, à l'exception de ce que se réservait M. Blanc-Montbrun pour sa provision annuelle, vendus par lui à divers acheteurs, particulièrement à de très-honorables négociants en vins, qui, avant toute fermentation, prenaient, au sortir du pressoir, le moût provenant des raisins blancs et rouges (Roussane et Sirrah) pressés ensemble, l'emportaient dans leurs caves ou celliers, où ils en faisaient des vins blancs mousseux par des procédés spéciaux à eux connus.

Ces mousseux étaient excellents, au dire des connaisseurs ; mais le vin de La Rolière, dénaturé par les acheteurs, qui en donnaient, du reste, un assez bon prix, n'en perdait pas moins son nom *dès le pressoir*.

Une année, que la livraison n'avait pas eu lieu à la récolte, le vin blanc de La Rolière (fait avec la Roussane seule) devint sec au bout de peu de temps, et fut refusé, comme impropre à la fabrication de vins mousseux, par le négociant à qui il avait été proposé. Grande fut la déception du propriétaire.

Cette tendance très-prononcée du vin de La Rolière à devenir sec apparaissait donc comme un défaut de nature, au point de vue exclusif où l'on se plaçait (celui de la conversion en vins mousseux), tandis que, à un autre point de vue, ce prétendu défaut eût dû, au contraire, être regardé comme une qualité bien précieuse. Il convient d'ajouter ici que les vins *doux* étaient, en fait de vins fins, les seuls qu'aimât M. Blanc-Montbrun père. On s'expliquera, d'après ce qui précède, comment le vin blanc de La Rolière, si remarquable comme vin *sec*, n'a pas été plus tôt apprécié à sa juste valeur. Pour lui, comme pour tant de choses ici-bas, l'heure de la justice n'avait pas encore sonné.....

Celui des négociants en question, qui avait pris, en dernier lieu, le vin de La Rolière, ayant trouvé à s'approvisionner ailleurs à meilleur marché, le vignoble de La Rolière fut, dès lors, privé de son principal et, pour ainsi dire, unique débouché, et M. Blanc-

Montbrun se trouva embarrassé d'une quantité assez notable de vin, résultant de l'agglomération de récoltes successives, pendant la série d'années qui a précédé l'apparition de l'oïdium dans le midi de la France.

On se rappelle qu'à cette époque de l'abondance excessive des vins, que devait suivre de si près l'extrême pénurie, bien des produits viticoles provenant de crus estimés avaient peine à s'écouler. A plus forte raison devait-il en être ainsi pour un cru jusqu'alors ignoré, ou qui, tout au moins, n'était connu que dans un rayon très-restreint, sans compter qu'il y était apprécié de la manière la plus imparfaite.

Aussi, par le fait de ces circonstances, et depuis que le moût provenant des raisins du *Clos de La Rolière* n'était plus converti en mousseux, M. Blanc-Montbrun vendait-il ses vins à un prix qui ne dépassait que d'*un quart* le prix des vins communs de la contrée. Les nombreux ouvriers de La Rolière et les débitants des environs faisaient leur profit de cet état de choses.

M. Blanc-Montbrun mourut le 25 novembre 1849, et sa mort fut, on peut le dire, un deuil public dans la contrée. Le plus bel éloge que l'on puisse faire de lui se trouve dans les lignes ci-après, qui sont extraites du *Courrier de la Drôme et de l'Ardèche:*

« C'est dans l'exploitation de la Terre de La Rolière, dont il « est véritablement le créateur, que se sont développés les talents « de M. Blanc-Montbrun, qui passait, à juste titre, pour un des « premiers agronomes de nos contrées. Mais si l'agriculture perd « en lui un homme distingué, la commune de Livron perd un « de ses meilleurs citoyens, un de ses véritables bienfaiteurs.

« Pendant trente ans, dans les bons comme dans les mauvais « jours, il ne refusa jamais à cette classe ouvrière et souffrante « qui vit sur le sol, à ceux qui demandent leur pain à de pé- « nibles labeurs, le travail qui leur était nécessaire pour les faire « subsister eux et leur famille. Il fut constamment leur père, leur « ami, leur conseil, etc.

« La mort de M. Blanc-Montbrun est une grande perte; mais « pour ces pauvres ouvriers elle est une calamité publique, etc. »

(*Courrier de la Drôme et de l'Ardèche*).

A l'ouverture de la session du Conseil d'arrondissement de Valence (session de 1850), M. le Préfet de la Drôme, après avoir payé un juste tribut de regrets à la mémoire de l'homme de bien (1) qui, pendant sa longue et honorable carrière, sut toujours se rendre utile à son pays, terminait ainsi cette partie de son discours :

« M. Blanc-Montbrun donna de nobles et utiles exemples, et « rendit de nombreux services. »

(*Courrier de la Drôme et de l'Ardèche*).

En apercevant, en 1853, ces belles terres fertiles de La Rolière, disputées et victorieusement arrachées aux ronces et aux joncs par d'intelligentes opérations de défrichement et de drainage ; ces magnifiques plantations de mûriers, qui peuvent nourrir de quatre-vingts à cent onces de vers à soie, et dont les plus anciennes n'ont que 35 ans environ ; ce judicieux système de fossés de ceinture creusés autour des pièces de terre pour l'écoulement des eaux superficielles et d'infiltration, lesdites eaux allant, de proche en proche, se jeter dans un fossé principal ou ruisseau qui aboutit à la Drôme ; ce beau vignoble clos de murs ; ces avenues grandioses ; cette terrasse spacieuse avec pelouse et salles d'ombrage ; ces bosquets et vergers, ce bois de chênes séculaires, qui forment le couronnement pittoresque du paysage, et au midi desquels apparaissent, en entier, entre la cour d'honneur et le jardin, semblables à deux sentinelles immobiles, deux des cinq tours qui flanquent le vieux manoir historique de La Rolière, manoir dont la restauration est en harmonie avec les habitudes modernes ; en apercevant tout cela d'un point rapproché de la Drôme, et d'où l'on embrassait du regard la majeure partie du vaste ensemble immobilier créé par M. Blanc-Montbrun père, qui, toujours dans la voie du progrès agricole, ne sacrifia cependant jamais à de vaines utopies, M. Victor Rendu, Inspecteur général de l'agriculture, ne put s'empêcher de s'écrier : *Et on ne l'a pas décoré!....* Exclamation tout à la fois douce et poignante pour le cœur d'un fils, car si, d'un

(1) Lors de son décès, M. Blanc-Montbrun était membre du Conseil d'arrondissement de Valence et de la Société d'Agriculture du département de la Drôme.

côté, elle renfermait un juste et éclatant hommage, de l'autre, cet hommage s'adressait à un père qui n'était plus....

Comme il a été dit, la mort de M. Blanc-Montbrun remontait à 1849. Depuis plusieurs années, il avait cessé de faire provigner, à cause de l'avilissement du prix des vins, avilissement qui lui faisait parfois exprimer le regret de n'avoir pas consacré à une autre culture le sol occupé par le vignoble de La Rolière.

Encore quelques années de délaissement, et ce vignoble était comme perdu. Loin de songer à l'arracher, et à détruire, pour lui substituer autre chose, une création si heureusement et si judicieusement conçue, mais qu'un concours exceptionnel de circonstances défavorables et de mécomptes avait condamnée à une dégénérescence prématurée, indépendamment de ce que, pour surcroît de malheur, un terrible fléau devait s'abattre sur elle dix-huit mois plus tard; loin de songer à arracher et à détruire, M. Alfred Blanc-Montbrun résolut de régénérer, et, cette résolution une fois prise, il se mit à l'œuvre avec un courage opiniâtre que ne purent ébranler, par la suite, l'invasion et les ravages de l'oïdium. Entrepris, dès 1850, sur une grande échelle, les travaux de provignage furent poussés avec vigueur, de telle sorte qu'en 1857, époque où le plan de cette Notice a été arrêté, 35 ou 40,000 ceps (et ce chiffre s'est accru, depuis lors, chaque année) avaient déjà été renouvelés par le provignage, sans parler d'une addition notable faite au vignoble, en 1854, et qui en est la continuation au levant.

M. Alfred Blanc-Montbrun avait foi dans l'avenir du vignoble de La Rolière; les concours agricoles vinrent fortifier ce sentiment qu'avait fait naître en lui la dégustation attentive et réitérée du vin blanc sec du *Clos de La Rolière*, récolté en 1830, dégustation faite en vue d'établir la comparaison avec un vin blanc sec similaire, de provenance espagnole, de la saveur duquel il avait conservé le souvenir. M. Alfred Blanc-Montbrun avait, d'ailleurs, procédé à cette dégustation avec la ferme résolution de se tenir en garde, autant que possible, contre certaines illusions de propriétaire, si communes quand il s'agit du *vin du cru*. C'est aux concours, c'est à une institution aussi utile, qu'il était réservé de mettre en relief les produits du vignoble en question et d'exhumer, en quelque sorte, un lingot d'or, resté trop longtemps enfoui dans les entrailles de la terre.

1851, 1852 et 1853 ayant été, par le fait de circonstances désastreuses et exceptionnelles, de mauvaises années pour la qualité du vin comme pour la quantité, on n'a pas cru devoir conserver le vin de ces trois années-là. Il n'en a pas été de même de 1854, qui, pour la qualité du vin, peut compter au nombre des meilleures années. Aussi, le vin blanc sec du *Clos de la Rolière*, de la récolte de 1854, mérite-t-il d'ouvrir la marche et d'être livré le premier à la circulation.

En 1853, alors que l'oïdium avait éclaté depuis deux ans dans les contrées méridionales de la France, le régime des concours régionaux fut inauguré, dans ces mêmes contrées, par le Gouvernement éclairé de l'Empereur, et une décision ministérielle institua à Valence (Drôme), pour le mois de septembre 1853, un concours régional embrassant douze départements (1).

Répondant à l'appel fait par le Ministre aux populations agricoles, M. Alfred Blanc-Montbrun n'hésita pas à apporter ses vins au concours précité. Ce fut là le point de départ de la célébrité du vignoble de La Rolière.

ÉNUMÉRATION

DES MÉDAILLES DÉCERNÉES AU PROPRIÉTAIRE DU VIGNOBLE DE LA ROLIÈRE ET **Reproduction** *partielle* ET *très-restreinte* DES DOCUMENTS CONSIGNÉS DANS LA NOTICE COMPLÈTE.

Suivent, dans la Notice complète, classés par ordre chronologique, les documents et titres concernant ledit vignoble. Voici l'énumération des médailles qu'il a values à son propriétaire :

---

(1) Volume des *Comptes Rendus*, publié, en 1853, par ordre du Ministre de l'agriculture, du commerce et des travaux publics, pages 330 et 359.

1853. Concours régional de Valence (Drôme): médaille de bronze.

1854. Concours agricole de Lyon: médaille d'argent.

1855. Exposition universelle, à Paris: même médaille que celle attribuée au premier grand cru de l'Hermitage (1), aux vins de grand Malaga, d'Alicante, de Xérès, de grand Pajarete, de Malvoisie, de Tokai, etc.

1856. Académie nationale agricole, manufacturière et commerciale, à Paris: médaille d'argent.

1858. Même Académie: médaille d'or.

Le *rappel* de cette médaille d'or a été proclamé, à l'Hôtel de Ville de Paris, dans la séance générale annuelle tenue par l'Académie nationale, à la fin de janvier 1860, pour la distribution solennelle des récompenses.

Au lieu de reproduire ici, *in extenso*, comme dans la Notice complète, les nombreux documents dont il s'agit, on se bornera à donner, dans le présent Extrait, des fragments de quatre publications et une publication entière, qui, implicitement ou explicitement, rendent justice au mérite agricole de M. Blanc-Montbrun, père du possesseur actuel de la Terre de La Rolière.

Fragment de la publication du *Courrier de la Drôme et de l'Ardèche* du 30 janvier 1855, faite en vue de l'Exposition universelle:

« Les vins d'Hermitage ont une réputation faite à laquelle il « n'y a rien à ajouter.

« Ceux qu'envoie M. Blanc-Montbrun, sous le nom de *Xérès*

---

(1) Deuxième partie du 1er volume de l'*Histoire illustrée de l'Exposition universelle de* 1855, par Charles Robin, auteur de la Galerie des Gens de lettres au XIXe siècle, etc., pages 307 et 308.

Parcours général de la Méditerranée à Lyon, par le chevalier Joseph Bard. — 34e station: Livron. — 38e station: Tain.

« *français*, montrent ce que l'on peut tirer de notre sol par une « culture intelligente et des soins convenables donnés à nos « produits. »

On a vu, par l'explication donnée au commencement de cet Extrait, que le vin blanc sec du *Clos de la Rolière* envoyé à l'Exposition universelle provenait de la récolte de 1830. Ce vin, recueilli et mis de côté par M. Blanc-Montbrun père, se réduisait, en 1849, lors de son décès, à une très-petite quantité contenue dans deux dames-jeannes en verre. Les détails y relatifs se trouvent consignés dans la Notice complète, où on les lira sans doute avec intérêt, car c'est grâce à ce vin vieux de 1830, providentiellement laissé par son père, que M. Alfred Blanc-Montbrun a pu, dès le Concours régional de Valence, en 1853, entreprendre de fonder la réputation du *Clos de la Rolière*.

Quant à la qualification de *Xérès français*, elle a été consacrée, d'une manière officielle, par le jugement solennel du jury international de l'Exposition universelle de 1855. On sait que ce jugement est aujourd'hui connu dans toutes les parties du monde civilisé (1).

Fragment de la publication du *Journal mensuel de l'Académie nationale* (Recueil du mois de mars 1856) (2).

« M. Blanc-Montbrun, propriétaire du château de La Rolière, et « l'un des meilleurs agronomes du pays, reconnut de suite, sous « les ronces et les broussailles qui le recouvraient, tout le parti « qu'on pouvait tirer, pour la culture de la vigne, de ce terrain « caillouteux, léger, perméable et admirablement exposé. Il le fit « défricher, choisit sur les coteaux de l'Hermitage les meilleures « qualités de ceps, et les transplanta sur ce terrain nouvellement « conquis; etc. »

Fragment d'un mémoire de M. de Courcelles, sous-préfet de Die (Drôme), inséré dans le *Courrier de la Drôme et de l'Ardèche* du 27 novembre 1856.

« Le prix de l'hectolitre (de vin) était si bas il y a quelques

---

(1) Publication des travaux du jury mixte international de l'Exposition universelle de 1855, page 632, 11e classe, 1er volume.

(2) Président de l'Académie nationale : M. le vicomte de Cussy. — Directeur général et Secrétaire général : M. Aymar-Bression.

« années, qu'on craignait d'élever par la main-d'œuvre le prix « de revient. Des hommes intelligents ont montré déjà ce que « peuvent nos vignobles. Le vin blanc sec d'un clos voisin d'Allex (1) « a obtenu, à l'Exposition universelle de 1855, une médaille qui « l'a classé au même rang que le vin de l'Hermitage. »

Publication du *Moniteur Viennois* du 3 décembre 1858.
Le Château de La Rolière (Drôme).

« Parmi les renseignements communiqués au Congrès archéo- « logique de France sur quelques monuments du département « de la Drôme, par M. l'abbé Jouve, Inspecteur de la Société « française d'Archéologie, nous trouvons la notice suivante, qui, « à divers points de vue, peut intéresser nos lecteurs, car le « Château de La Rolière appartient à M. Alfred Blanc-Montbrun, « membre du Conseil général de l'Isère, et membre du Conseil « municipal de la ville de Vienne.

« Ces documents sont extraits du volume donnant le compte « rendu des séances générales du congrès, tenues à Mende, à « Valence et à Grenoble en 1857, folio 331.

« Chateau de La Rolière. — Au sud-ouest de Monteléger, et « sur la commune de Livron, ce château se recommande, au point « de vue historique, par l'hospitalité qu'y reçut jadis un roi de « France — (on est sûr qu'un de nos rois, de la dynastie des « Valois, Louis XI, alors dauphin, s'est arrêté dans ce château (2) « — voir l'*Annuaire de la Drôme*, 1857); — et, au point de vue « agricole, par le vignoble qui y a été planté, en 1824, par M. « Blanc-Montbrun, ancien magistrat, l'un des agronomes les plus « distingués de la province, décédé, le 25 novembre 1849, en son « château de La Rolière. Le sol de ce vignoble, admirablement

---

(1) Le *Clos de La Rolière*.

(2) La chambre qu'occupa le Prince a conservé le titre de *chambre du roi*. Le nom de *Roibon*, demeuré au domaine situé dans le vaste enclos du château, témoigne de la munificence du royal voyageur envers son hôte.

(Notice historique sur Livron, par l'abbé A. Vincent, membre de l'Institut historique de France).

« exposé, qui produit le *Xérès français*, vin blanc sec exquis, « médaillé à Paris par le jury international de l'Exposition uni- « verselle de 1855, est graveleux et perméable; il contient une « quantité considérable de cailloux roulés, mêlés de silex et de « détritus de granit. Avant d'avoir été défriché, de 1822 à 1824, « par M. Blanc-Montbrun, le terrain actuellement occupé par le « vignoble était inculte, couvert de broussailles et de quelques « chênes. Cette création a donc enrichi la France d'une précieuse « conquête vinicole due à M. Blanc-Montbrun, et révélée, en 1853, « par M. Alfred Blanc-Montbrun, son fils. »

Cette publication du *Moniteur Viennois* a été faite également par le *Courrier de l'Isère* du 11 décembre 1858, et par le *Courrier de la Drôme et de l'Ardèche* des 13 et 14 du même mois.

Fragments de la publication du *Moniteur Vinicole* du 22 décembre 1859 (1), reproduite par le *Moniteur Viennois* du 9 mars 1860:

« La création de ce fameux Clos remonte à 1822; elle est due, « comme nous l'avons déjà dit, à M. Blanc-Montbrun, ancien « magistrat, père du possesseur actuel. Aussi habile agronome « que magistrat intègre et savant, il fit défricher le terrain inculte « sur lequel existe aujourd'hui le vignoble de La Rolière, après « avoir pressenti et reconnu l'excellent parti qu'il pouvait en tirer « pour la culture de la vigne à cause de son admirable expo- « sition. Il y fit transplanter à grands frais les meilleures qualités « de ceps des coteaux de l'Hermitage. Pendant trente ans, il con- « sacra à cette œuvre ses travaux et ses efforts (2), et transmit « à son fils ce précieux héritage. »

. . . .

---

(1) Cet article du 22 décembre 1859 se rattache, par le plan d'exécution, à une intéressante publication du *Moniteur Vinicole* sur les vignobles de la France, publication dont la première partie a été reproduite par le *Moniteur Universel*, et qui se compose d'articles successifs.

(2) Il faut sous-entendre ici: de même qu'aux autres détails se rattachant à la création et à l'exploitation de la Terre de La Rolière.

Plus loin :

« Ajoutons que la France n'aura plus rien à envier à l'Espagne, « sous le rapport de la production des vins fins, le jour où « l'exemple de M. Blanc-Montbrun rencontrera des imitateurs, le « jour où des viticulteurs courageux et intelligents sauront tirer « parti des sols inexploités, trop nombreux en France; le jour, « enfin, où des propriétaires, tout à la fois amis du progrès et « de leurs intérêts, comprendront quels avantages ils peuvent « retirer des améliorations bien entendues apportées à leurs vi- « gnobles et à la préparation de leurs vins. »

. . . .

Plus loin encore :

« Nous ne pouvons mieux terminer cette appréciation des crus « et des vins de La Rolière qu'en reproduisant le jugement porté « par M. Victor Rendu, Inspecteur général de l'agriculture (1). « Ce savant œnologue regarde le vin blanc *sec* de La Rolière « comme une véritable conquête, et il ajoute avoir bu en France « peu de vins qu'on puisse lui comparer; qu'il est tout à fait « supérieur, et se recommande par sa finesse, sa générosité et « sa légèreté ; enfin, qu'il offre la plus grande analogie avec les « vins secs d'Espagne, notamment avec le Xérès, dont il a la « saveur et le bouquet. »

NOTE

CONCERNANT L'ÉTENDUE ET L'EMPLACEMENT DU VIGNOBLE, ETC.

Le vignoble de La Rolière (7 hectares — 70,000 ceps) est compris dans le parc de ce nom, dont la contenance est d'à peu

---

(1) Lettre écrite de Paris, le 22 novembre 1853, par M. Victor Rendu à M. Alfred Blanc-Montbrun.

près vingt-sept hectares. Il a pour clôture, au nord et au couchant, les murs mêmes du parc, auxquels il est adossé, outre sa clôture particulière au midi et au levant.

Commencé, vers 1822, par M. Blanc-Montbrun, et exécuté par lui dans sa partie la plus essentielle, le mur d'enceinte du parc a été, sur une longueur de 11 à 1,200 mètres, complété, au sud et à l'est, en 1852-1853, par M. Alfred Blanc-Montbrun, en exécution d'idées émises par son père. C'est aussi pour satisfaire à la pensée paternelle que M. Alfred Blanc-Montbrun a doté le domaine de Roibon d'une nouvelle magnanerie, située à l'est de l'ancienne, à 45 mètres environ du portail du vignoble. C'est également avec l'intention de réaliser un projet de son père que, par suite de l'augmentation progressive de la quantité de feuille de mûriers de la Terre de La Rolière, il a fait construire, en dehors et près du mur d'enceinte du parc, la vaste magnanerie de l'important domaine de Comer, domaine dont il a agrandi le corps de logis primitif, qu'il a pourvu de bâtiments d'exploitation, et dans la cour duquel il a amené une belle fontaine, indépendante de celle, d'un volume encore plus fort, qui flue sous les murs du château, presque au pied de la tour *sud-ouest*. Cette dernière fontaine, dite *Fontaine du Château*, a été découverte par M. Blanc-Montbrun père, qui l'a conduite à la place qui vient d'être indiquée.

OBSERVATION IMPORTANTE

RELATIVE A LA MATURITÉ DU XÉRÈS FRANÇAIS.

M. Alfred Blanc-Montbrun, auteur de cette Notice et du présent Extrait, avait dégusté, pour la première fois, le 29 octobre 1853, le vin blanc sec de La Rolière, de la récolte de 1844, le plus récent qu'il eût à cette époque-là (une seule bouteille, que son père avait lui-même étiquetée et placée dans un placard), et ce vin qui, mis en bouteille après deux ou trois ans de tonneau, avait ainsi neuf ans depuis sa production, ne présentait, lors de cette dégustation, et suivant l'appréciation du dégustateur, qu'une différence à peine sensible avec celui de **1830**, médaillé à l'Exposition universelle de 1855. On dut en conclure qu'il ne fallait pas plus de neuf ou dix ans au vin blanc sec de La Rolière pour avoir le cachet spécial qui le distingue. Mais, en 1853, n'avait-il pas déjà ce cachet spécial depuis un certain temps? C'est ce que l'observation seule pouvait apprendre, et c'est ce que l'on a naturellement étudié et expérimenté sur le vin récolté en **1854.** Les expériences faites, quant à ce, sur le vin blanc sec de 1854, sont d'autant plus concluantes que, les raisins de cette année-là se trouvant très-riches en matière sucrée ou *glucause*, il a dû falloir au vin, pour acquérir sa maturité, plus de temps que pour une année ordinaire ou médiocre. Et cependant, dès 1860, le vin de 1854 avait déjà, quoiqu'à un degré moins prononcé qu'à neuf ou dix ans, son caractère particulier, son cachet spécial. Quelle précieuse prérogative pour un vin! Se faire en peu d'années, s'améliorer ensuite pendant un certain temps, puis se conserver sans altération plus d'un siècle peut-être, ainsi qu'il est permis de l'espérer, vu la *bonne nature* du *Xérès français*, constatée, en **1855,** par le Jury international, sur celui récolté en **1830!** Combien le Ciel s'est montré propice au *Clos de la Rolière!...*

CONCLUSION.

A tout ce qui a été écrit sur le vin blanc sec du *Clos de La Rolière*, à tous les jugements flatteurs dont il a été l'objet, soit en France, soit en Angleterre (1), on peut, pour fortifier, au besoin, les convictions, ajouter cette considération, qu'en définitive, les crus les plus anciens et les plus célèbres n'ont pu manquer d'avoir des commencements

---

(1) Le traité de commerce conclu entre la France et l'Angleterre, traité qui réduit considérablement les tarifs de l'entrée des vins dans la Grande-Bretagne, est venu on ne peut plus à propos pour offrir un important débouché au *Xérès français*.

plus ou moins difficiles. Pour chacun d'eux l'enfantement a dû être plus ou moins laborieux. Si ancienne que soit leur origine, l'Hermitage, le Clos-Vougeot, le Romanée-Conti, le Chambertin, le Château-Margaux, le Château-Laffite, le Xérès sec d'Espagne, le Pajarete, le Porto, le Tokai, le Johannisberg, et tant d'autres crus illustres qui figurent avec honneur sur la table des grands, ont eu leur premier jour, avant lequel le nom d'aucun d'eux n'était prononcé. Y a-t-il donc lieu de s'étonner qu'un nouveau cru, appelé (tout l'annonce) à de brillantes destinées, qu'un cru situé dans une région méridionale, voisine de celle de l'Hermitage, et où la température n'est pas moins favorable que dans cette dernière à la production de vins distingués, ait été révélé en 1853, dans une exhibition régionale, ordonnée par le Ministre de l'agriculture et embrassant douze départements? Est-il un esprit vraiment sérieux et impartial qui puisse opposer le parti pris du persifflage et du dénigrement ironique à une conquête viticole qui fait le plus grand honneur à la viticulture française et doit, comme telle, flatter, en France, l'esprit de nationalité?

Comme tout ce qui est supérieur, le vin blanc sec du *Clos de la Rolière* n'a pas fait son apparition sans exciter de petites passions, sans provoquer çà et là maints lazzis, la malveillance ayant eu d'autant plus beau jeu qu'elle s'exerçait contre un vin qui, déjà renommé par la publicité des concours, n'avait pu encore, *par le fait de circonstances exceptionnelles*, être lancé dans la circulation, ce qui fournissait aux détracteurs l'occasion de le traiter comme une espèce de mythe, exposé par cela même aux railleries et aux quolibets.

Comme contre-partie, des voix bienveillantes se sont fait entendre. Mais cette bienveillance même, si l'on eût écouté ceux de ses conseils dictés par trop d'impatience, aurait pu devenir préjudiciable au *Xérès français* et le pousser vers les écueils. *Pourquoi tarder si longtemps?* ont dit quelques personnes animées de sentiments favorables. *Que ne met-on de bonne heure ce vin dans la circulation? Il achèverait de se faire dans d'autres mains, dans la cave des acheteurs, qui sauraient bien trouver le moment opportun pour le boire.*

A cela on peut répondre que si, pour l'honneur de l'humanité, il est beaucoup de mains consciencieuses et intelligentes, il s'en trouve aussi, quelque petit que puisse en être le nombre, qui ne sauraient mériter un tel témoignage. Or, pour un cru nouveau, qu'il importe de protéger contre les attaques de la malveillance et de soustraire aux dangers de l'incurie, eût-il été sage de donner quelque chose à l'incertain?... Ne convenait-il pas d'attendre, avant toute livraison, que le vin eût, sinon toute la perfection dont il est susceptible, du moins, à un certain degré, le cachet spécial qui le distingue, le caractère qui lui est propre et qui lui a valu d'être plusieurs fois médaillé? Ce n'est que lorsque l'enfant a grandi et est devenu adulte, lorsque son caractère est formé, que l'on peut, sans trop de dangers, le lancer dans le monde. Jusqu'alors, et tant que ces conditions essentielles ne sont point remplies, il y aurait imprudence de la part du père à se départir de sa vigilance tutélaire et à donner son consentement à une séparation prématurée.

Ce n'est également qu'au sortir de l'âge ingrat que la timide jeune fille peut commencer à être conduite dans le monde, où elle doit alors apporter, avec les grâces de son sexe, le doux parfum de ses angéliques vertus.

S'il n'est point indispensable que la rose, pour flatter la vue et l'odorat, soit complétement épanouie, il faut, du moins, que le bouton se soit suffisamment entr'ouvert pour satisfaire les yeux et exhaler une partie de son arome.

Le lecteur voudra bien excuser ces comparaisons, que l'on a cru pouvoir se permettre pour plus de clarté.

En définitive, c'est bien au propriétaire du *Clos de la Rolière* qu'il appartenait surtout d'être impatient de voir arriver la phase rémunératoire, après tant de sacrifices faits en vue de l'avenir, sans compter les préoccupations incessantes qui, pour le fondateur d'une chose nouvelle, naissent de cette idée, trop souvent réveillée par le son lugubre de la cloche funèbre: que rien n'est plus fragile que la vie humaine. Quoi de plus pénible, en effet, que de laisser inachevée, surtout à de jeunes enfants, une œuvre laborieusement entreprise au milieu de difficultés de tout genre, et dont le succès semble principalement dépendre d'une foi vive, persévérante, inébranlable? Et pourtant, ces aspirations et ces craintes ont dû rester enchaînées dans l'âme du fondateur en présence de ce vieil axiôme populaire:

qu'*il faut le temps pour tout.* S'il n'avait su se maîtriser et attendre, quels cuisants regrets n'aurait-il pas d'avoir peut-être tout compromis par trop d'impatience et de précipitation !

La patience est amère, mais son fruit est doux, a dit J.-J. Rousseau. Cette maxime du philosophe de Genève n'implique pas indispensablement la pensée que le fruit savoureux doive être cueilli par celui qui a planté l'arbre et l'a arrosé de ses sueurs. Si ce n'est lui qui récolte, ce sont ceux qui lui succèdent. Reste toujours que, dans ses labeurs, il a été soutenu par l'espérance, cette douce et céleste compagne descendue sur la terre avec une mission divine : celle de consoler et d'encourager les humains.

Pour en revenir, après cette digression, aux quolibets qui ont été lancés contre le vin de La Rolière : en quoi la raillerie pourrait-elle infirmer une vérité, un fait authentique, incontestable, et ne serait-ce pas ici le cas d'évoquer le souvenir de la fable du serpent et de la lime ?... On doit toutefois s'applaudir que l'ère des concours publics ait été inaugurée d'une manière stable, pour offrir aux produits nouveaux le moyen de se faire connaître ; pour les aider à sortir de l'obscurité, à percer cette couche épaisse de granit qui sépare certains d'entre eux de la célébrité, couche rendue plus épaisse encore par le préjugé, cet implacable ennemi du progrès ; pour les protéger, en un mot, contre d'injustes préventions par des verdicts imposants et solennels, émanant de juges compétents.

Le jury international de l'Exposition universelle de 1855, choisi parmi les hommes qui constituent l'élite intellectuelle de l'Europe, a assigné, avec l'assistance de dégustateurs émérites, une récompense élevée au vin blanc sec du *Clos de la Rolière.* La médaille qu'il lui a décernée a été également et *notamment* attribuée, savoir :

Au *Comité d'agriculture de la province d'Alicante*, pour ses vins ;

A *l'Institut agricole de la province de Catalogne*, pour son vin de Barcelonne de 1801 ;

A M. Pierre Cordon, province de Cadix, pour ses vins de Xérès ;

A MM. de Respaldiza, Gonzales et Dubosc, (Espagne), pour leur collection de vins de grand Malaga, d'Alicante, de Xérès, de grand Pajarete et de Malvoisie ;

A M. L.-J. Charbonnel Salle, à Lisbonne, pour ses vins Bucellas blancs, Carcavellos, Cadafaes, Muscat de Setubal, Lavradio, rouge sec et rouge doux ;

A M. le duc de Palmella, à Cadafaes (Lisbonne), très-grand propriétaire et producteur du vin de la province d'Estramadura, pour ses vins rouges et blancs de Cadafaes ;

A M. Achaz Lenkay et Cie, à Vienne (Autriche), pour leurs vins de Ruster, Menesch, Tokai, Mailberger ;

A M. Schlumberger, (Autriche), pour ses vins de Voeslau, grand mousseux, et de Tokai ;

A M. le prince de Schwartzenberg, (Autriche), pour son vin de Lobsitz.

Les vins suivants sont aussi de ceux qui ont valu à leurs propriétaires la médaille en question :

Vin Santo (Grèce) ;

Vins de Broglio et de Pacciano (grand-duché de Toscane).

Les exposants ci-après sont du nombre de ceux auxquels il n'a été accordé que des mentions honorables :

Le Comité d'agriculture de la province de Tarragone, pour ses vins d'Espagne ;

M. Dr B.-P. de Figueiredo, à Villaréal, pour ses vins de Porto de 1812 ;

M. J. Borges Pinto de Carvalho, pour son vin rouge de Porto ;

M. J.-H. Fradesso Da Silveira, à Lisbonne, pour son vin de Madère ;

Ces divers crus, *mentionnés honorablement*, ont été, comme on le voit, classés, par cela même, *après* le *Clos de la Rolière*. Le jury international a compris que les concours universels ne pouvaient avoir de véritable signification qu'autant que les produits exposés seraient, dans les limites du possible, jugés d'après leur mérite intrinsèque, abstraction faite de leur réputation déjà acquise ou de l'ancienneté de leur origine. Merveilleuses exhibitions, tournois pacifiques et solennels, qui empêchent les nations civilisées de s'immobiliser fatalement et éternellement dans les mêmes idées, et où les produits les plus récents, eussent-ils été ignorés jusqu'alors, sont admis à disputer la palme de la victoire aux produits les plus anciens et les plus illustres, de même que, jadis, dans la lice ouverte au courage, le jeune chevalier, armé de la veille, pouvait se mesurer et rompre une lance avec le vieux chevalier habitué au triomphe et sorti vainqueur de vingt tournois ! Admirables conditions d'impartialité, auxquelles on aime à reconnaître le génie de notre époque, le génie du progrès, qui, au XIXe siècle, se manifeste avec tant de puissance et d'une manière si éclatante !

La civilisation et le progrès marchent, en effet, à travers les siècles, sous l'impulsion irrésistible de Dieu, et quel est l'homme qui, sans s'exposer à être traité de téméraire, pourrait affirmer que tel ou tel produit a définitivement atteint les dernières limites du perfectionnement possible ?

Dans un repas d'une vingtaine de personnes, et en présence de l'auteur de cette Notice, un ancien négociant en vins s'écriait avec enthousiasme, après avoir exprimé son admiration quant au bouquet et à la saveur du *Xérès français* de 1830 : « En fait de vins, il « n'existe rien au monde de supérieur à ce vin-là ! le Xérès d'Espagne « ne le vaut pas ! »

Un tel hommage est assurément on ne peut plus flatteur, et, pourtant, qui sait si, à son tour et en lui appliquant ce qui vient d'être dit de la perfectibilité progressive des produits, le *Xérès français*, le vin blanc sec du *Clos de la Rolière* ne sera pas lui-même un jour dépassé ?

C'est le secret du Maître de l'Univers, de l'Auteur de toutes choses, dont la volonté souveraine préside aux moindres détails de la création, et qui, dans son inépuisable libéralité, se plaît, de loin en loin, à élaborer dans le mystérieux creuset de la nature de nouveaux produits dignes d'admiration, comme pour donner ainsi aux hommes des preuves de plus en plus palpables de sa toute puissante fécondité.

Si quelque lecteur vient à s'étonner que l'on fasse intervenir la Majesté divine à propos d'une simple question se rattachant à la culture de la vigne, on pourra lui répondre par la citation suivante :

« Qui ne connaît la sublime parole du Christ, rapportée au cha-
« pitre 15 de l'Evangile selon Saint-Jean?

« Je suis le cep ; mon père est le vigneron. »

« Quel honneur pour la vigne d'avoir été comparée par Jésus-
« Christ lui-même à Jésus-Christ le Chef de l'Eglise ! »

(Le Vigneron).

Une dernière réflexion :

Pour parler figurément : fonder une dynastie vinicole est chose ardue, difficile. En pareil cas, la couronne n'est pas sans épines pour le fondateur, et, le plus souvent, ce n'est pas à lui que la création nouvelle profite le plus. Mais, si légitimes que puissent être certaines préoccupations purement personnelles, l'homme, pour bien comprendre sa mission sur la terre, doit s'imposer noblement pour règle de franchir, dans une partie de ses projets et de ses actes, variable selon la position qu'il occupe, le cercle étroit de sa propre existence, et, quand il le peut, de travailler avec ardeur pour la postérité.

FIN

TABLE DES MATIÈRES.

Pages

FIN DE LA TABLE.

NOTE

SE RÉFÉRANT A L'HISTORIQUE DU VIGNOBLE DU CHATEAU DE LA ROLIÈRE (DRÔME).

Brochure in-8° en 21 pages, imprimée en **1860.**

(Le millésime non indiqué sur la couverture.)

Au jugement d'hommes très-compétents, le vin blanc sec de La Rolière, quand il a suffisamment vieilli (cette appréciation résulte de la dégustation de celui récolté en 1830), peut être regardé comme l'analogue du Xérès. — Voir, page 13, l'*Historique* en 21 pages, format grand in-8°, concernant le vignoble du château de La Rolière, autrement dit *Clos de La Rolière*, ledit Historique, imprimé en 1860 et qui sera publié en temps opportun, ayant pour auteur, de même que la présente Note, M. Alfred Blanc-Montbrun. — Toutefois, le Xérès (Xerez-Secco), tel qu'il est récolté en Espagne, dans la province de Cadix, ne doit pas être confondu avec ce même Xérès renforcé, sur place, par des alcools de provenance espagnole, notamment par ceux de la province de Malaga (voir le *Moniteur universel* du 7 mars 1855).

Le *Dictionnaire universel* de Bouillet donne du Xérès d'Espagne la définition suivante : « Xerez-Secco, excellent vin, un peu amer « et stomachique. » Ces caractères sont aussi ceux du *Xérès français*. Quant au bouquet de ce vin blanc sec de France, il est suffisamment développé à cinq ou six ans, et paraît avoir son développement à peu près complet à neuf ou dix ans. Brillante comme l'or, la couleur du *Xérès français* devient de plus en plus agréable à l'œil, à mesure que le vin vieillit en bouteille.

N. B. — Le *Xérès français* s'étant fait attendre plus de sept ans depuis le mois de septembre 1853, époque où il a été révélé par M. Alfred Blanc-Montbrun, lors du concours régional de Valence (Drôme), le propriétaire du vignoble de La Rolière devait au public, préalablement à la mise en circulation de ce vin blanc sec, un Historique donnant, entr'autres détails, l'explication d'un tel retard, dont la cause se rattache à des circonstances exceptionnelles qui méritent d'être connues. L'auteur de cet Historique en 21 pages s'est appliqué à le rédiger avec toute la clarté désirable. Il s'estimera heureux s'il a atteint ce but. (Février 1861.)

VIENNE. — IMPRIMERIE ET LITHOGRAPHIE DE J. TIMON, RUE DES CAPUCINS, 7. — 1861.

Château de La Rolière près Livron (Drôme), le 1er mars 1861.

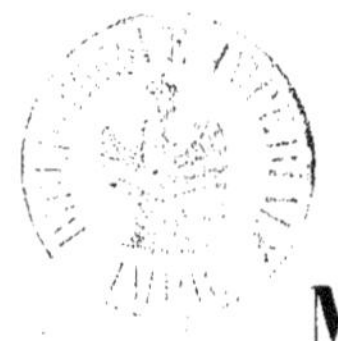

MONSIEUR LE BIBLIOTHÉCAIRE,

Il m'a été donné de révéler, après avoir eu l'intuition des brillantes destinées auxquelles tout annonce qu'il est appelé, un *nouveau* cru, dont je suis possesseur. Entr'autres distinctions honorifiques, ce cru, à l'Exposition Universelle de Paris, en 1855, a été médaillé par le Jury international et classé par lui au même rang que les grands crus d'Espagne, dont il peut être regardé comme l'analogue en tant qu'il s'agit de la production de vins blancs *secs*.

Un tel verdict, si imposant, si solennel, doit assurément flatter, en France, l'esprit de nationalité, indépendamment de l'intérêt qui, surtout aux yeux des hommes d'élite, s'attache naturellement à ce qui touche à la grande loi du progrès, si féconde au XIXe siècle.

Permettez-moi, M. le Bibliothécaire, de vous adresser *ci-joint* un exemplaire de l'Historique concernant ce vignoble, dit CLOS DE LA ROLIÈRE. Cette brochure en 21 pages (format grand in-octavo), dont je suis l'auteur, et sur la couverture de laquelle le millésime n'est pas indiqué, a été imprimée en 1860. J'ai l'honneur, Monsieur, de vous prier de vouloir bien, après avoir, au besoin, demandé l'agrément de l'autorité locale, l'inscrire, à sa date, sur le catalogue des livres composant la bibliothèque publique confiée à votre surveillance et à vos soins éclairés. Je vous en serai on ne peut plus reconnaissant.

Agréez, M. le Bibliothécaire, l'assurance de ma haute considération.

A. BLANC-MONTBRUN,

Ancien élève de l'école Polytechnique, ancien Capitaine d'artillerie, Chevalier de la Légion d'honneur, Membre du Conseil Général de l'Isère, propriétaire du château historique et du vignoble de La Rolière.

P. S. Audit *exemplaire imprimé* se trouve jointe une *Note, également imprimée*, et s'y référant. Cette Note a été rédigée et imprimée en 1861.

(*Voir au 2e feuillet ci-derrière*).

A détacher pour remettre à M. le journaliste de la localité.

Si, après lecture de l'Historique, M. le Bibliothécaire estime que, dans l'espèce, la publicité ne doit pas seulement satisfaire à un intérêt particulier, mais bien aussi à l'intérêt général envisagé au point de vue du progrès vinicole, il est prié d'avoir l'extrême bonté de solliciter de la bienveillance de M. le journaliste, ou de l'un de MM. les journalistes de la localité, l'insertion *gratuite* des lignes ci-après :

« Il vient de paraître une brochure en 21 pages (format grand in-octavo), imprimée en 1860 (millésime non indiqué sur la couverture), et intitulée : « Extrait de la Notice historique concernant le vignoble de La Rolière, autrement dit Clos de La Rolière, situé sur les côtes du Rhône, territoire de la commune de Livron (Drôme), par Armand-Pierre-Alfred Blanc-Montbrun, ancien élève de l'école Polytechnique, ancien Capitaine d'artillerie, Chevalier de la Légion d'honneur, Membre du Conseil Général de l'Isère, etc., propriétaire du château historique et du vignoble de La Rolière. »

« Le vin blanc *sec* récolté dans le vignoble du château de La Rolière a été, entr'autres distinctions honorifiques, médaillé à l'Exposition Universelle de Paris, en 1855, et classé par le Jury international au même rang que les grands vins d'Espagne, dont il peut être regardé comme l'analogue quand on l'a laissé suffisamment vieillir. Aussi le Jury international lui a-t-il officiellement octroyé le nom de *Xérès français*.

« Un exemplaire imprimé de la brochure en question, dont l'épigraphe est : « *le succès naît de la persévérance*, » et qui offre un véritable intérêt au point de vue du progrès vinicole, se trouve à la Bibliothèque publique de notre ville. »

Vienne, imprimerie et lithographie de Joseph TIMON, montée des Capucins, 7. — 1861.

www.ingramcontent.com/pod-product-compliance
Lightning Source LLC
LaVergne TN
LVHW052019160826
845678LV00003B/1121

* 9 7 8 2 3 2 9 6 4 9 5 8 0 *